数学就是这么简单

重量和温度 & 越来越少

【英】史蒂夫·魏 弗雷西亚·罗 著
【英】马克·毕驰 插图 曾侯花 译

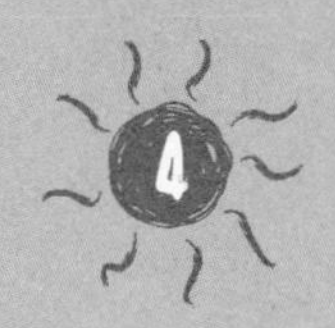

贵州教育出版社

重量和温度 How Much

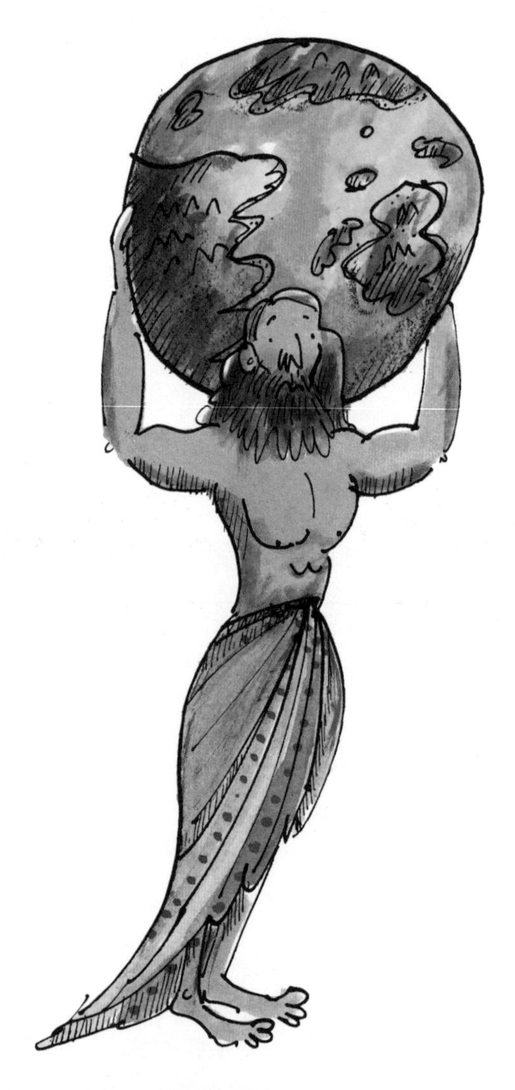

目 录

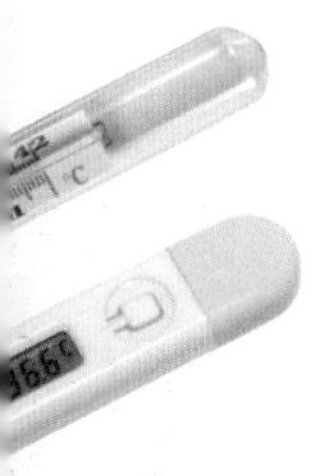

好重呀！

不管我们是推东西、拉东西抑或是举东西，都得肌肉发力使对方移动。我们移动的所有东西都是有重量的。当然，东西有轻有重，有时候将某件物品从一个地方移到另一个地方轻而易举，但很多时候费牛劲了——好重呀！

不管我们搬的东西是什么，首先得搞清楚它有几斤几两。计算重量可以通过测量体积来实现——如果是液体的话，则是容积——或者直接称重。

下表中是用以描述某物的容积、体积或重量的单位。

简单数学：重量单位

1 吨 =1,000 千克

1 千克 =1,000 克

1 克 =1,000 毫克

简单数学：容积单位

1 升 =100 厘升

或 1,000 毫升

1,000 升 =1 千升

◆ 手推车上驮着好重的货物，轮子都被压扁了。每个人都在使劲地推着它或拉着它向前走。

多重呢?

◆ 一个金属制的古董砝码。

在几千年前的古埃及，有权利拥有黄金的只有国王以及贵族。每当他们吩咐金匠打造戒指或其他首饰时，总会小心翼翼地称量金子和戒指的重量，以保证金匠没有私藏少量黄金。

金子被置于天平的一个托盘中，另一个托盘中放有若干小单位的砝码。当两个托盘完全平衡的时候，则将相应的重量记录在册。

动物型砝码

古埃及使用的很多砝码都被制成人形或动物的形状。事实上，早在埃及人之前，古巴比伦人在制作砝码时就采用了动物的形状，比如青蛙和天鹅。

◆ 迪拜金市上出售的金首饰。

金衡制

在中世纪的欧洲，两种重量体系同时使用，着实令人头晕。假如你到市场上去买东西，买的贵重金属或者首饰的话，采用的是金衡制；若换做购买食品，比如糖和粮食，则是采用常衡制。

国际公制

数个世纪以来，全球并存着多个度量体系，英制重量单位是使用最广的体系之一。现如今，某些国家，包括美国称量物品用的仍然是盎司、磅、英担和长吨。然而，其他大部分国家都采用了十进制体系中的克、千克和吨，即国际公制重量单位。

◆ 图示为法国国王路易十六（Louis XVI）。他下令组织专家学者研究一套新的度量衡体系。后者不负所望，成功地研制出了我们今天广泛采用的公制体系——就在国王被押上断头台之前*！

*路易十六：法兰西波旁王朝复辟前最后一任国王，也是法国历史中唯一一个被处死的国王。1792 年，法国成立法兰西第一共和国，1793 年，路易十六在巴黎革命广场被推上断头台。

刮金子

1696 年，英国伟大的科学家艾萨克·牛顿（Isaac Newton）临危受命，被委以解决一个非常严峻的问题。牛顿时任皇家铸币厂——将纯金和纯银铸成金币和银币的地方——的监督。

这些不法分子用铅伪造硬币，在外面镀上一层薄薄的金子，几乎可以以假乱真。

艾萨克·牛顿设计了新的硬币样式，也就是对其边缘进行包边，大大提升了坚硬度。

谁更强壮？

大象可以举起的重量比独角仙*肯定重得多。然而，大象所能举起的重量只是其自身体重的四分之一左右。从这个角度而言，独角仙要强壮得多——它能举起的重量达自身体重的850倍之多，真是不可思议！

你有多强壮？

你能搬动多重的物体？人类所能举起的平均重量和自身的体重不相上下。受过专业训练的运动员，比如举重运动员可以举起两倍于自身体重的重量。

*独角仙：一种大型甲壳虫。

◆ 早期金币的边缘特别薄，因而削或剪都非常容易。

◆ 如今大部分硬币都包了边，有的边缘还制成了锯齿状。参见上图其中的三个。

来，称一下

不同的物品怎么进行交易呢？很显然，最常见的方式就是称重。为了公平起见，交易中就得使用秤或天平。

天平就跟跷跷板似的；一头是需要称重的物品，另一头摆放已知重量的东西，逐步加减，直至两端平衡。秤有刻度均匀的表盘，可显示放在上面的物体的重量。

◆ 秤可以称出放在上面的物体的重量。

选择合适的重量单位

采用任何一个重量单位都可以对所有物体计重，问题是只有最方便人们记忆的单位才是合适的。卡车装载的圆木重量可以表达成四百万克，也可以是四吨，两者是相等的。

4,000,000 克　　或　　4 吨

该付多少钱?

买东西要付多少钱？这往往取决于商品的重量。很多吃的东西都是称斤论两来卖的，所以买方常常会检查卖方的秤是否精确，以防止吃亏上当。

◆ 宇航员悬浮在太空中，因为没有重力将他们拉回地面。

没有重量！

重量其实是一种力。当我们坐在椅子上的时候，将我们拉向地球的这种力与椅子向上的支撑力恰好平衡。如果椅子上坐着的是大象的话，椅子很可能立马四分五裂，因为大象的重力远远大于椅子的承重力！

重力？重量？

当宇航员飞入外太空，将地球的大气层甩在身后的时候，他们就变得“没有重量”。他们会到处漂浮，而不是被拽向地面或者地板。因为在太空牛没有将他们的身体往下拉的重力，因此他们就处于失重的状态。

所谓重力，就是对我们的身体——以及我们身边的一切事物——产生引力的一种力。物体的重量，正是来源于重力。

粒　子

所有的事物，包括我们自己的重量都与组成我们的粒子息息相关。单个粒子的体积越大，粒子的数量越多，它们之间排列组合越紧密，重量就越重！

太重啦！

从古至今，许多关于大力士的神话传说广为流传；时至今日，仍有许多大力士凭他们独特的技巧给我们带来了很多欢乐。

西西弗斯（Sisyphus）

西西弗斯是古希腊的一个暴君，由于他谎话连篇、作恶多端，希腊众神判给了他一个永远无法超脱的任务——将一块巨石推上一座小山。如果他能够到达山顶，再将巨石从山的另一侧滚下去，就算圆满完成任务。

只可惜，这是永远都不可能实现的。每次当国王接近山顶的时候，他就因筋疲力尽而失手，石头咕噜咕噜滚回山脚。如此一来，西西弗斯只有重头再推。

阿特拉斯（Atlas）

因为冒犯希腊众神，阿特拉斯受到了严厉的惩处——他要用双肩支撑苍天，使其远离地面。

也许这个判罚较西西弗斯的要轻松些，并不像表面看上去那么可怕。事实上，古希腊人并不知道，天空中的大气层几乎没有重量！

相　扑

日本的相扑手体重越重越好。他们的饮食结构非常特殊，通过大量摄入高蛋白的食物来增重，有的体重甚至超过两百千克。举行完正式的仪式，摔跤比赛就开始了。选手们蹲下身来，杀气腾腾地死盯着对方，试图让对方胆战心寒，挫伤对方的信心。在比赛中，选手一旦被推出圈外，或者除了脚掌外的身体其他器官接触地面，他们就输掉了比赛！

最后一根稻草！

压垮骆驼的最后一根稻草——这个俗语的潜台词是，某件事超出了忍耐的极限，其出处是一个寓言故事。话说有个商人赶着骆驼去驮稻草，放了一摞又一摞。最后快装完的时候，他瞅见稻草掉落了一根在地上。这个贪婪无度的商人就连一片草叶都不想浪费，他捡起那根稻草扔在骆驼的背上。可怜的骆驼再也受不住了，被这最后的一丁点儿重量压断了背脊！

阿基米德

哪一样更重——1 吨砖头还是 1 吨羽毛？这个问题很容易令人掉入陷阱。不过，据说早在公元前 300 年，古希腊发明家阿基米德就得出了答案。

阿基米德意识到不同物体的质量可以是一样的，尽管它们所占的体积可能不同。据说他是在洗澡的时候得出这个结论的。当他踏进一个装着满满一缸水的浴缸中时，发现水溢出了缸外。而溢出缸外的水的体积，与他浸在水中的身体体积是相等的。他进一步意识到，重量相等的物体由于体积不同，如果将它们分别放入装满水的容器中，排出的水量肯定是有差异的。

当着国王的面，阿基米德将皇冠沉入满满的一大瓶水中，他在水瓶下面搁了一个盘子，接住溢出来的每一滴水。

接着，阿基米德又将和皇冠等重的一块纯金扔进满满的一瓶水中。

阿基米德的实验证明：工匠掺假了！

阿基米德的螺旋

阿基米德还有一个相当聪明的发明——螺旋扬水系统。这个系统能够将江河里的水汲上来，引入河堤高处的灌溉渠道中。

随着螺旋地缓慢旋转，桨叶卷起水扬入高处……

◆ 在美国加利福尼亚的海洋世界中，水滑梯处设有两架巨型的阿基米德螺旋，将大约250立方米的水从滑梯底部汲到顶端。

排水量

船舶在海上航行时，会将前进路线上的水排开。船舶在水中受到的浮力等于被它排出的水的重量，也就是与船体浸入水中体积相同的水的重量，这就是船的排水量。排水量等于船只自身的重量加上所载货物和乘客的重量。乘客和货物越多，排水量越大，因为船只装载的重量增加了。

乌鸦和水罐

有些故事旨在教给我们某些重要的人生哲理，这类故事就是寓言。有这么一个寓言故事，主角是一只口渴难耐的乌鸦——可千万别小瞧了这只乌鸦，它的聪明机智几乎与阿基米德不相上下呢！

这只乌鸦还算幸运，很快就让它碰着了一个曾经装满水的水罐。

◆ 吃水线又称普利姆索尔线，因其发明者塞缪尔·普利姆索尔（Samuel Plimsoll）而得名。

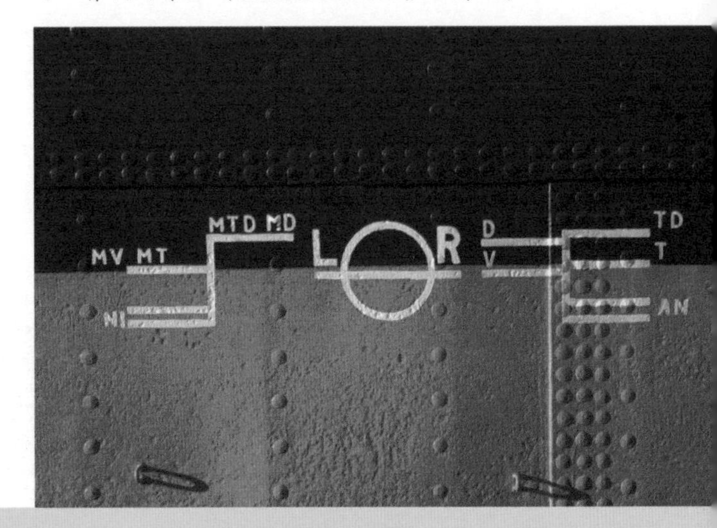

吃水线

为了确保船只不出现超载，或吃水过深的危险情况，每一艘商船在船舷上都漆有标记——表示船只装载货物后，可以安全入水的限度。

乌鸦把尖尖的嘴巴伸进罐子里，但是它怎么也喝不到水，因为里面的水所剩无几。

这时候，它灵光一闪，想到了一个好主意。它衔来一颗鹅卵石，把它扔到罐子里。然后又衔来一颗往罐子里填，如是再三。在乌鸦地不断努力下，水面渐渐升高了。

液体的体积知多少？

在日常生活中，我们经常需要了解液体有多少——这个量即为液体的体积。容器可以容纳的液体的体积称为容积。

计量容积的单位有升，还有毫升。一毫升的水仅有十多滴而已。

听一听，辨容量！

你是否留意过，如果在玻璃杯中装不同量的水，用勺子敲击后玻璃杯每次发出的声音，音调均不相同？古代的中国人早就意识到了这一点。为了量出谷物和粮食的多少，他们制作了各种量器。在量东西的时候，他们采用的就是"听音辨量"的方法——用小棍子敲击量器，通过其发出声音的音调高低，来辨别量器的容量。

◆ 科学实验中需要的液体体积都是以毫升来计的。

◆ 所有的瓶子容量相同，瓶中所装水的体积也相同。

庞然大物的体积知多少？

有时候体积也用立方单位来计量。想象一下，一个由六个相等的正方形组成的图形是什么？没错，它是一个正方体。这个正方体所占的体积就能用立方来表示，常用的立方单位有立方厘米和立方米。我们经常需要测定物体的体积，频率高得惊人。

液体都有体积。当我们往一个容器里装东西的时候，容器的容积一定得大过液体的体积——不然就会溢出来！气体的体积并不是固定的，可随着容器的大小发生变化，以保证刚好装进容器中。

◆ 汽车上的仪表盘会显示油箱中剩余的汽油量。汽油是论升售卖的。

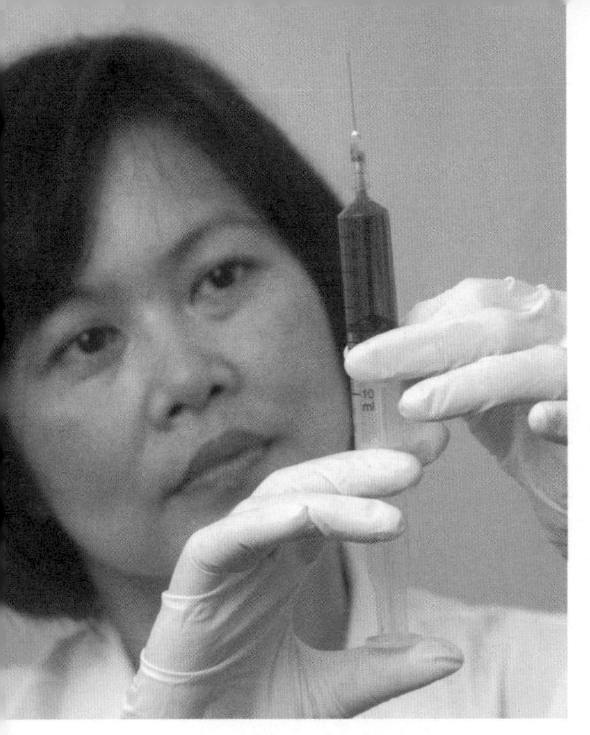

◆ 潜水员必须保证自己所携带的装备中有足够多的空气。这个气缸装有约15升的氧气，供潜水员在水底呼吸。

◆ 医生必须量出病人所需药物的准确剂量，不能多也不能少。图示的注射器容量约为10毫升。

◆ 游泳池的容量是以立方米来计的。一立方米相当于1,000升水的体积。一个学校游泳池的容积约为375,000升。

冷和热

数千年来，人们只是凭自己的感官来判断温度的高低。如果感觉到冷，就添加衣物；要检查烤箱的温度，厨师就得把手放进去探一探。为了提高温度测量的精确度和安全性，带刻度的温度计一步步进入了人们的视野！

两只狗的夜晚

很久很久很久以前，澳大利亚的原始人类基本上不穿衣服，即使穿也非常少。如果夜间天气寒冷，他们就和自家的狗蜷在一起睡觉。有这么一个难证真假的故事，说的是这些原始人将需要几只狗来取暖作为测量温度的标准：一只狗的夜晚可能有点冻人，两只狗的夜晚则会冷得多。

华氏先生

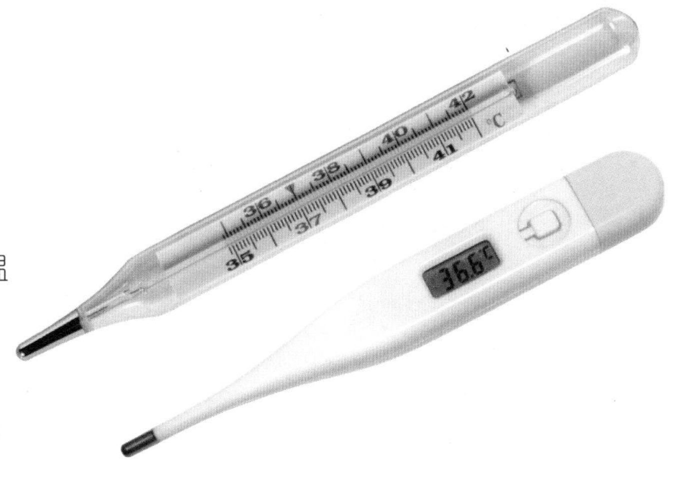

◆ 传统的温度计和数字温度计。温度计这个词“thermometer”是 thermo（=heat 热度）和 meter（测量仪器）的组合，意为“测量热度”。

人们一直没法儿测量温度，直到大约 400 年前温度计的诞生。而我们今天常用的这种温度计直到 300 年前才问世，发明者是一个名叫丹尼尔·华伦海特（Daniel Fahrenheit）的德国科学家。

华氏温度计是一根密闭的玻璃管，其中一端接了个玻璃球，球内装着水银。水银受热时便会沿着管子内部攀升，遇冷则会下降退回玻璃球。

为了计量温度，华伦海特在玻璃管上标了一个刻度。根据他所标的刻度，水的冰点为 32 华氏度，沸点为 212 华氏度。

摄氏先生

现如今，世界上大部分地区的人们都采用了一套不同的刻度，也就是公制体系的一部分，这套刻度被称为摄氏刻度。这套刻度体系因其发明者——瑞典天文学家安德斯·摄尔修斯 (Anders Celsius) 而得名。

在摄氏刻度，也称百分温标中，水的冰点是 0 摄氏度，沸点是 100 摄氏度。

极限温度

冷！好冷！超冷！

据记载，南极附近出现过零下 70°的低温。“绝对零度”是用来形容理论上所能达到的最低温度，确切地说就是零下 273.15° ，或者说相当相当相当冷！

◆ 回力棒星云就好比一个巨型冰箱，它喷出的气体迅速膨胀冷却，使之成为了目前所知的宇宙中最冷的地方。

宇宙大部分地方的温度仅比绝对零度高出几度而已，可以说是非常之冷了！不过这还不算什么，最近天文学家们又发现了所谓的回力棒星云（Boomerang Nebula），比绝对零度仅仅高出 1°而已！

太阳系最冷的地方事实上离咱们非常近——就在咱们的月球上。在月球的南极有一些很深的坑洞，因为被高高的边缘遮住了阳光，形成了一个永久阴影区，因此相当之寒冷。这些地区的温度据测低至零下 240° 。

◆ 氦常温时是一种气体，在超低温时则会变成能够沿着容器壁“爬进爬出”的液体。它会慢慢地爬进烧杯，还会沿着边缘钻进盒子。

热！好热！超热！

有时候，沙漠的温度可能会变得很高——高达 50℃，甚至还不止呢。但是，比起咱们太阳的超高温度，这根本就不算什么！太阳中心的温度高达 1500 万摄氏度，真是难以置信。更惊人的是，太阳灼热的表面是 6000℃，而环绕四周的日冕层的平均温度却要高得多——达到了 200 万摄氏度。

超常反应

当化学物质遭遇超低温的时候，五花八门的怪事儿就陆续发生了。某些物质，比如电线中的锡和铝不用电源竟然开始导电！这就是所谓的超导现象。

在超低温下，某些液体开始沿其容器内部自行流动！这就是所谓的超流动性。

人体各项指数

我们所有人都是独一无二、不可替代的。关于我们自己的身体，可测量的对象有很多。了解自身各项指数是件相当有趣的事情——当然，看看其他人的情况也不错哦！

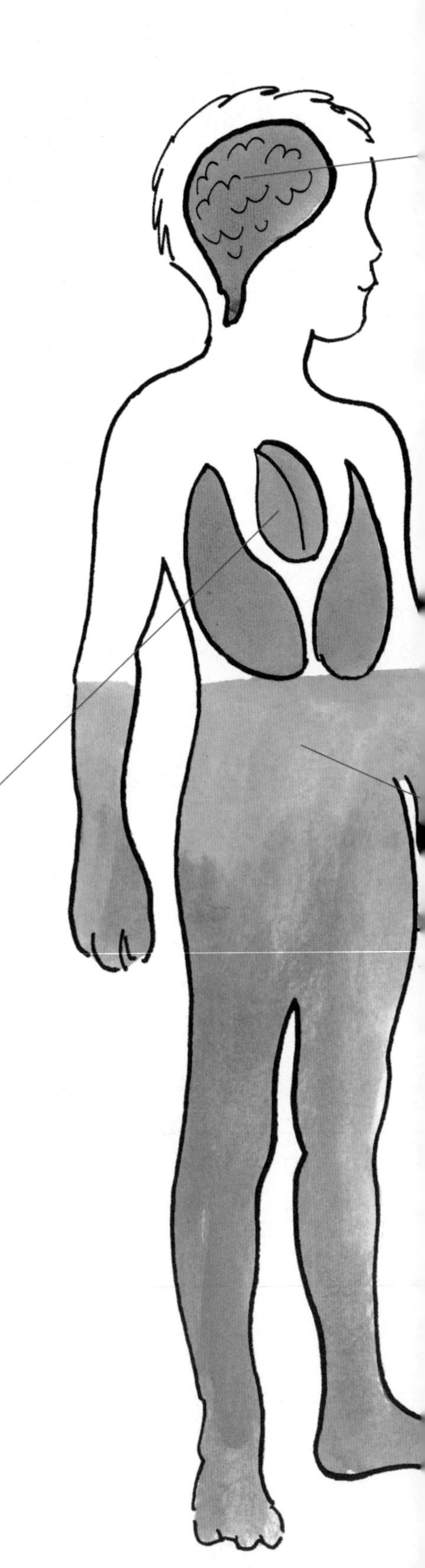

身　高

到七八岁的时候，我们的身高大约在 100 ～ 130 厘米之间。

我们的脉搏等于心脏每分钟跳动的次数，也就是心率。人在运动时脉搏会加快。

心　脏

到发育完全的时候，我们的心脏约重 300 克。运动员的心脏一般说来要比常人更重些。

体　重

七八岁的男孩女孩平均体重为 26 ～ 32 千克。

大　脑

咱们的大脑比心脏要重得多，约为 1,300 ~ 1,500 克。不过，脑重量最多只占体重的 3% 而已。

血液和空气

成年人的体内含有大约 4 ~ 5 升鲜血（小朋友体内的血液含量则要少一些）。咱们深吸一口气的时候，两片肺叶最多能吸入 6 升空气。

体　温

与鸟儿及其他哺乳动物一样，人类的体温也相当高——约为 37℃左右。这个温度保证了咱们在大部分环境下能够自由活动，不受气温的限制。

液　体

咱们体内含有大量的液体，水分含量多达 18 升左右！

脑容量

我们总说聪明人的脑容量更大。然而，当科学家们研究天才爱因斯坦的大脑时发现，他的大脑脑容量比平均值更小——但这无疑是个智慧超群的大脑！

◆ 如果将鼻子的功能发挥到极致，咱们大约能分辨 4,000 ~ 10,000 种气味！随着年龄的增大，咱们的嗅觉会越来越差。你们的嗅觉可能比父母的更好哟！

◆ 为了分辨出一朵玫瑰花的味道，大脑要对 300 多种气味粒子进行分析。

小测试

1. 在古代，哪个国家的人将砝码制成了人型和动物的形状？

2. 国际公制测量体系兴起于何地？

3. 谁对硬币外形进行了改造，有效地防止了不法分子的“偷刮偷剪”？

4. 对比体型，哪种动物是世界上最强壮的？

5. 哪个天才有着不大的大脑？

6. 我们的重量是由哪种力引起的？

7. 在古希腊神话中，哪个国王被判罚永生永世朝山上推石头？

____

8. 阿基米德想出判断国王的工匠是否造假的主意时，他正在做什么？

____

9. 吃水线有什么涵义？

____

10. 中国的古人如何测量容器的容积？

____

参考答案：

1. 古埃及　2. 法国　3. 艾萨克·牛顿　4. 独角仙

5. 爱因斯坦　6. 重力　7. 西西弗斯　8. 洗澡

9. 船只装载货物后，可以安全入水的限度。

10. 用小棍子敲击量器，通过其发出声音的音调高低，来辨别量器的容量。

越来越少 Less and Less

目 录

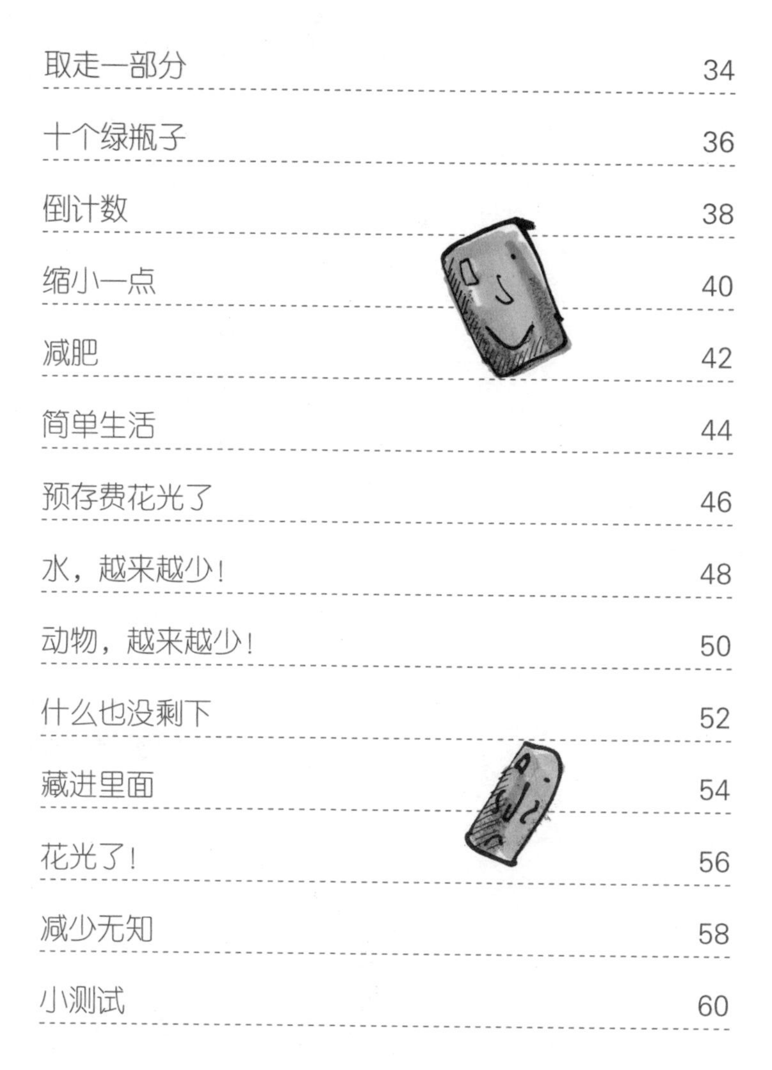

取走一部分

无论何时，当你想要让什么东西变得更小一些，你就必须从它身上取走一点点。我们把这称之为减法。减法和加法是完全相反的。当然，我们有时要取走的是很多，或者严格说来，要取走的比我们拥有的还多！所有这一类型的算术题都可以用数学减法来解决。

当你从一个数字上取走或者减去另一个数字，那么最终得到的这个数字我们称之为差额。通常情况下，差额是小于最初的那个数字的。就好像一只拥有一块奶酪的老鼠一样，老鼠从奶酪上取走的越多，那么剩下的奶酪就会越少。

简单数学：减去的说法

10 扣除 4=6

10 减去 4=6

10 取走 4=6

10 减 4=6

10 减少 4=6

10 与 4 之间的差额是 6

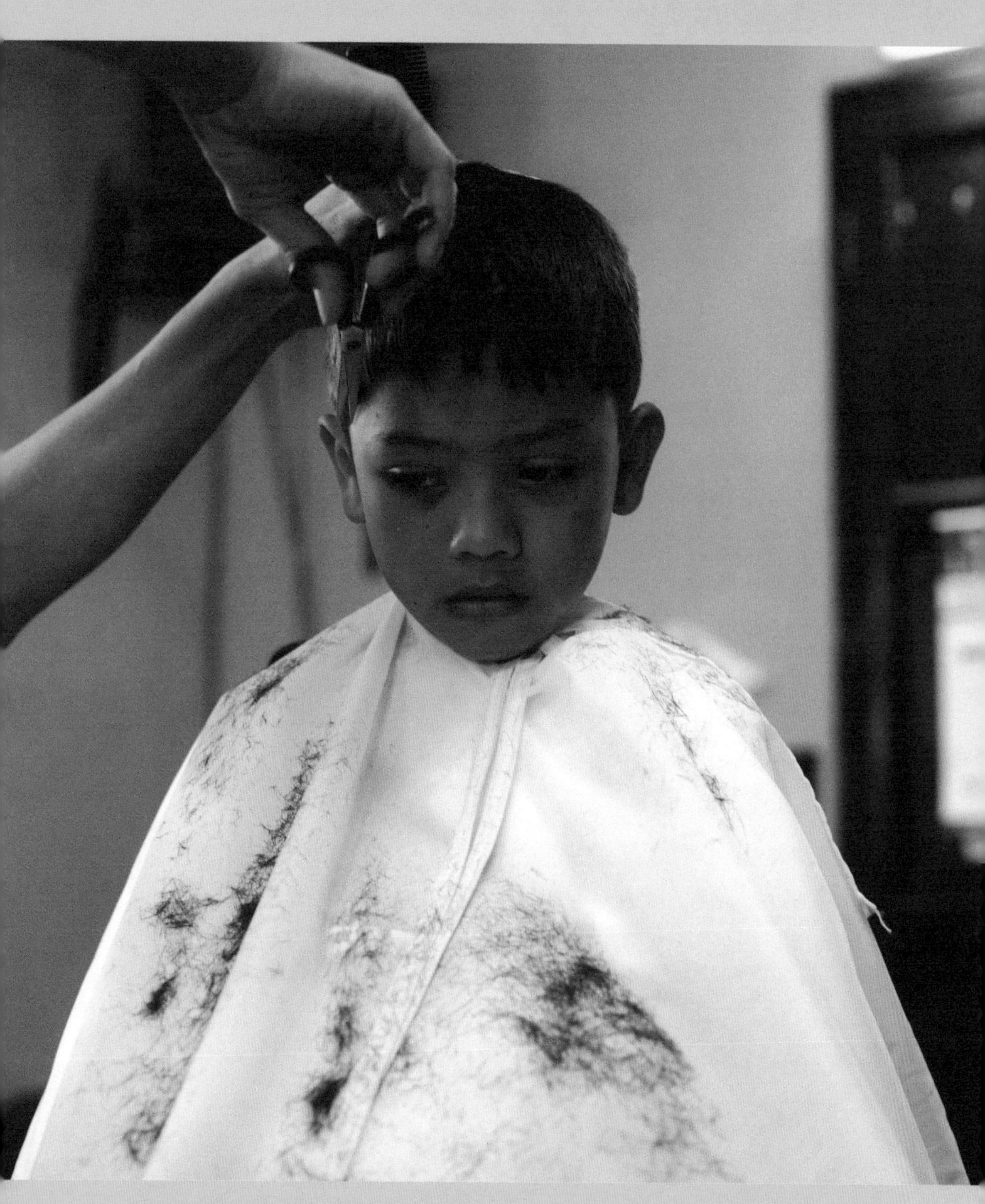

◆ 你的头发以每个月 1.25 厘米的速度生长，所以你必须每月理发一次，这样才能维持头发在一个相对固定的长度。

十个绿瓶子

减法意味着取走，下面的这首歌曲可以帮助我们理解减法是怎么一回事。最简单的减法，或者说是取走，是指一次拿走一个物品或者一个数字。

没有人知道《十个绿瓶子》这首歌起源于何处，但是它一直被用作帮助理解减法的含义。下面是这首歌的歌词：

十个绿瓶子挂墙上，
十个绿瓶子挂墙上；
若是掉下来一个瓶，
墙上还剩下九个瓶。

九个绿瓶子挂墙上，
九个绿瓶子挂墙上；
若是掉下来一个瓶，
墙上还剩下八个瓶。

就这样，每一次都减少一个绿瓶子，直到——

一个绿瓶子挂墙上，
一个绿瓶子挂墙上；
若是不小心掉下来，
墙上一个瓶都没有。

如果你把这首减法歌以算术题的形式写下来，那么它们将会是这样的：

10-1=9

9-1=8

8-1=7

7-1=6

6-1=5

5-1=4

4-1=3

3-1=2

2-1=1

1-1=0

十个人睡一张床

另一首减法歌歌名叫《十个人睡一张床》，它的歌词是这样的：

十个人睡一张床，最小的那个嚷嚷：
“翻身吧，翻身吧，”
于是大家一起翻个身，有一个人掉在了地上。

九个人睡一张床，最小的那个嚷嚷：
“翻身吧，翻身吧，”
于是大家一起翻个身，有一个人掉在了地上。

重复歌唱直到最后床上只剩下一个人，然后结局是这样的：

一个人独自睡床上，
最小的这个说：“晚安！”

倒计数

飞镖游戏者有时把飞镖称作“箭”。这是因为飞镖看起来与传统的箭颇为相似，另一个原因是从几百年前开始，飞镖就成为射箭运动员的一个训练项目。据说箭术教练在训练时会把箭变短，然后要求学生把这些短箭掷向一个空木桶的桶底。

如今，游戏者把他们的箭掷在一个特殊大小的空盘上，得分取决于你把飞镖掷在了盘子上的什么位置。但是游戏者并非是把所有的得分数相加，而是参与游戏的人都有一个基础分，用这个基础分减去他们所得的分数。

01

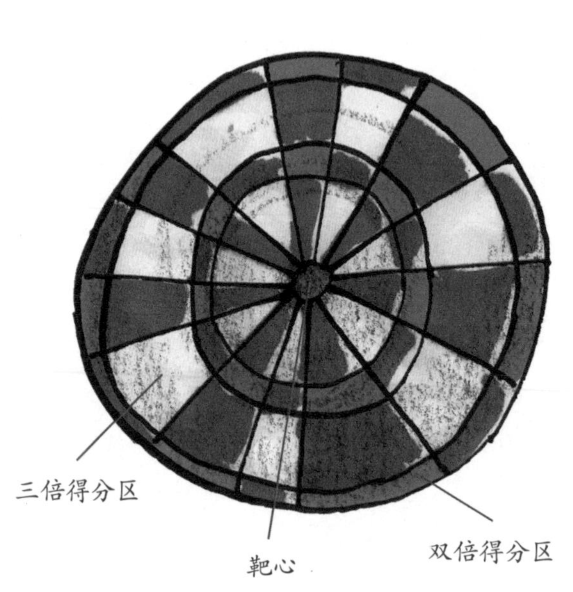

最受欢迎的飞镖游戏之一被称作 01，它在世界各地广为流行。每一个游戏者在开始时都有一个相同的基础分，例如 501 分。谁最先把自己的基础分减少至零，谁就是优胜者。

◆ 飞镖游戏者学习怎样在游戏中快速地减分。

游戏者轮流上场，每人每次投掷三枚飞镖。他们用比赛开始时拥有的基础分去减去在比赛时的得分。飞镖如果脱靶或者被弹开，则没有得分，而且不可以重新投掷。

零分！

飞镖游戏最难的地方在于游戏的结尾，或者说是“得分为零”。为了分出胜负，必须有一位游戏者最先达到零分。为了让飞镖游戏变得更难，游戏者必须在游戏开始和结束之际投掷在双倍得分区。

缩小一点

有人编织了一件毛衣，但这件毛衣太大了！要使这件毛衣合身，只有一种方法，那就是挨个拆除编织的针数，使它变小。不过这个方法实在是太慢了。

减法可以做到在每次取走一个数时，看看还剩下多少。但是还有一种更容易而且更快捷的方法就是一次减去一个大的数字。这就意味着要找到两个数字间的差额。如果在每个有160排针的袖子上减去50排针，那么这件衣服就会变得合身！160排减去50排，那么袖子还剩下110排针。

$$160-50=110$$

缩小规模

一个大家庭需要一栋大大的房子才能住下所有人。但是一旦孩子们长大成人并离家独自生活，那么父母家中便会多出许多的空间来。这时他们就开始考虑缩小房子的规模。在一栋小一点的房子里，他们可以节省一点居住成本，而这些钱就可以用来干其他的事情。

我们假设你的家庭每月需要花费600元用于租房，而另一间小一

点的公寓只需要 400 元钱。如果你缩小规模，搬到这所小房子里，那么每月就可以多出 200 元。因此，搬进一所花费少一点的房子意味着在银行里有更多的存款。

600 英镑 - 400 英镑 = 200 英镑

从大车到小车

大车是非常昂贵的。首先它们在购买时需要花费一大笔金钱，而且它们的维护和修理的费用也很高，油耗也很大。并且，随着石油被大量开采，石油矿越来越难找，汽油的价格也将一路飙升。

这就是为什么现在有大量的人们决定购买一辆经济型的小汽车，不仅购买价格便宜，而且使用划算。小型汽车对于短途旅行非常适合，如果你的乘客不多，那么它实在是一个理想的选择。当你想停车时，也可以轻易地把小汽车塞进一个大车无法进入的小停车位里。

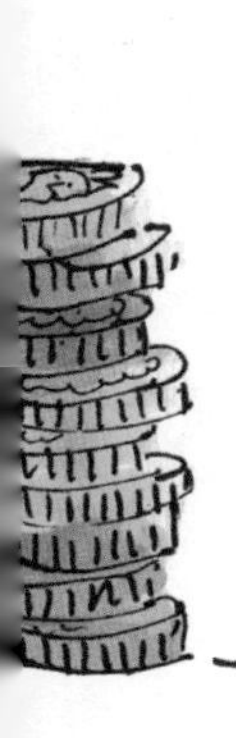

减　肥

面临着肥胖或者超重问题的不仅仅只有人类。减肥对于动物园里的动物们来说也是迫在眉睫。科学家们认为一些动物过于肥胖，已经超过它们健康体重的百分之二十以上。

搜寻午餐

在过去，动物园里的动物们会增胖的原因是除了管理员外，游客们通常也会给它们喂食加餐。不过这种情况在现在已经很少发生，因为游客们已经被警告不准胡乱给动物们喂食。但即使是这样，肥胖的问题依然存在，因为许多饲养的动物缺乏锻炼，无法燃烧掉它们体内多余的脂肪。一种解决方案是把食物撒在地上，使得动物们必须花费精力去搜寻，才能享用到自己的午餐。

◆ 在兽医们给这只猫吃减肥餐和对它进行减肥疗程之前，它的体重接近 10 千克。

◆ 如果这只老虎在野外，那么它每天必须奔跑数千米。

垃圾致胖

众所周知，那些邻近人类居住的野生动物也长胖了，因为它们花费很少的气力就能在垃圾桶或者地面上捡到食物，而不用再去追逐猎物。

羸弱的野生动物

野生动物很少会肥胖。这是因为它们大多明白自己什么时候吃饱了，而在感觉饥饿之前，它们不会再进食。而且，野生动物是非常挑剔的。它们只会吃最好的那块肉以及肾脏或者脑部。而且，它们喜欢吃年轻的动物胜过年老的动物。

很少有野生动物会狼吞虎咽。因为进食的时候往往是它们最脆弱的时刻，这也是野生动物不会增肥的另一个原因。因此，花在吃上的时间越少，动物们就越安全。

简单生活

圣人甘地是印度的领袖。他生活的年代正是英格兰统治印度，而印度人民开始奋起反抗的时候。甘地的教义都建立在这样一种信条之上，那就是人人应该过一种简单的生活。

甘地定居在古吉拉特（Gujarat）的萨巴尔马蒂（Sabarmati），在那里他建立了一个社区，使得他的家人和追随者能够在一起工作和生活。

甘地在英国学习怎样成为一名律师。他先在南非工作，然后回到了印度。他的一生都致力于反对不公平的法律和帮助印度人民。

和许多印度人一样，甘地的食物都是以素食为主。他的饮食非常简单：坚果、种子、水果和山羊奶。他还经常绝食数日。

甘地决定丢弃他的西装和领带，像普通的印度农民那样，穿上一块白色棉质的缠腰布和拖鞋。

他鼓励人们用自己种的棉花纺纱，自己做衣服。纺纱是印度人所着衣物的重要来源，而不是依靠从英国进口布料。

甘地坚信人们坚持的生活方式远比拥有的财富要重要。

他认为私有化，尤其是拥有财产，将导致不公平，由此会产生暴力。他坚决反对暴力。不幸的是，印度独立之后，爆发了许多的战争，甘地就是战争的受害者之一。*

*1947年8月15日，印度赢得了独立。五个月后，甘地被一个反对他的观点的人刺杀，于1948年1月30日逝世。

预存费花光了

当你在电话亭打完电话后，你必须支付电话费。但是当你使用手机时，收费规则就完全不同，因为你必须提前支付一笔钱，作为预存的电话费用。这种所谓的“预存费”数额只会朝一个方向发展，那就是越用越少！

上网

每一次当你使用手机打电话、发送短信或者从网上下载东西的时候，你的预存话费便会随着你选择的花费而下降。如果你不使用手机，那么你的存款将持续很长一段时间。但是如果你一直和朋友们煲电话粥的话，那么不久后你就需要再度“充值”了。

交通卡

在许多国家，公共交通网络的运作方式十分相似。你拥有一张交通卡，上面记录着你在卡里预存了多少钱。卡里的剩余金额取决于你每次出门的花费。

◆ 每一次你在拨打电话时，你使用的都是你预存的话费。

国外消费

一些银行正在尝试一个项目，通过这个项目，你在旅行时便不需要携带大量的外币。你只需把美元、欧元或者英镑存入一张银行卡上，那么你就可以在目的地随心所欲地花费了。

存款花光了怎么办？

花光了银行卡中的钱或者用光了手机中的话费，会让你陷入困境当中，因此，大多数的银行和电话商在你的卡中金额快要用完时会给予你系统提示。一些甚至会允许你预支一些费用，你可以在下次预付费时进行偿还。此外，在一些国家，即使你身无分文，你依然可以使用警察、救护车等紧急服务系统。

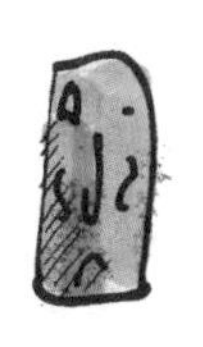

水，越来越少！

随着世界人口的增长，我们需要越来越多的土地、食物、油和水。水对于人类来说尤其重要，因为没有了水，人类便无法生存。

水在减少

从平均数来看，总的水资源满足每个人的基本需求绰绰有余。联合国有关组织宣称，每个人每天至少需要 50 升的水用于饮用、洗漱、做饭和清洁。但是现在世界有三分之一的人口没有足够的水可以使用，到 2025 年，预计将有三分之二的人面临这个问题。

关于水资源信息的报道往往采用图表的形式，这样一来更加一览无余。

◆ 水是珍贵的自然资源。

条形图

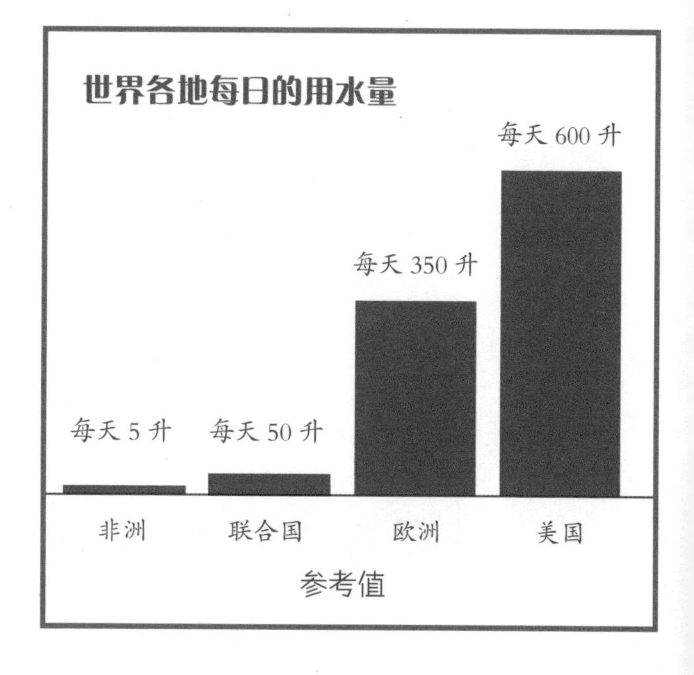

简单数学：记录的图表

水资源的信息如果用图表的形式表达出来，我们便可以一目了然。

条形图运用有颜色的直条来显示数据间的差异。

曲线图用曲线来显示上升和下降的趋势。

曲线图

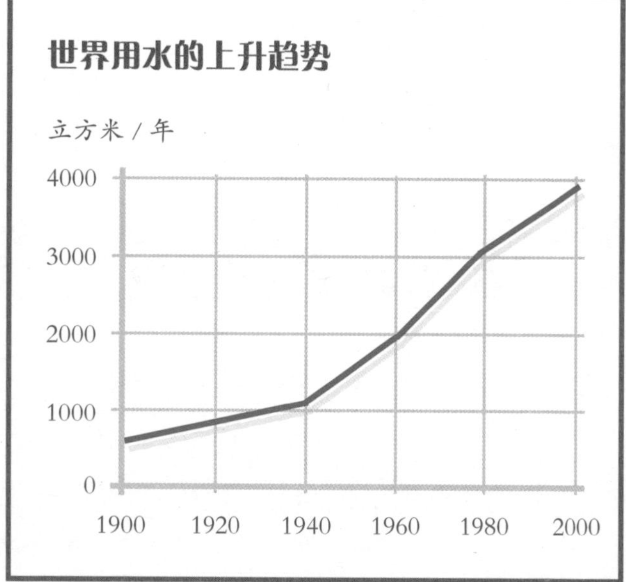

动物，越来越少！

有时候减少除了数学上的减法之外还有别的含义。有一种发生在植物和动物身上的减少，意味着这个物种从此在我们这个星球消失了，这种情况称之为“灭绝”，指的是动物或者植物的整个种族都消亡的情况。例如，有一种渡渡鸟，在300年前就灭绝了。

红皮书

世界自然保护联盟，简称IUCN，收集了地球上几乎所有动植物物种的信息。记录显示，物种的数量在下降，而且下降的速度越来越快。这类信息经常会出现在国际自然保护协会的红皮书的标题上，例如以下词语：

灭绝
濒危
易危
受威胁

有关熊猫的问题

生活在中国西南的大熊猫完全以竹子为食。一些品种的竹子一百年才开一次花，然后死去。而种子要生长很多年，才能长成竹子。在19世纪70年代，成百上千的大熊猫面临着饥饿的威胁。这些大熊猫都依赖竹子而生，因此，如果竹子没有了，大熊猫也将灭亡。

◆ 大熊猫对饮食的要求非常简单，它只要吃竹子就足够了。

什么也没剩下

你可能认为零就是什么也没有，没有任何意义。毕竟，任何数字都要比零大。但是，零作为一个数字也有它的含义。事实上，在我们的数学体系中，零是一个非常重要的数字。

印度人首先使用零这个数字，然后传到了中国，在大约一千年前，又经由中国传到了阿拉伯世界。

在阿拉伯数系中，当十位或者百位数上没有数字存在的时候，就是用一个小小的圆圈代替，它被称之为“sifr”，作为占位符。

当阿拉伯数字和数学传到欧洲时，“sifr”演变成了“zefiro”，后来被缩写成了“zero”，即我们所说的零。

简单数学：负数

当你从一个数字上减去零时，那么你得到的答案仍是你原来的那个数字。因此：

5-0=5

12-0=12

如果你用零减去一个数字，那么你得到的将是一个负数。因此：

0-5=-5

0-12=-12

结绳文字

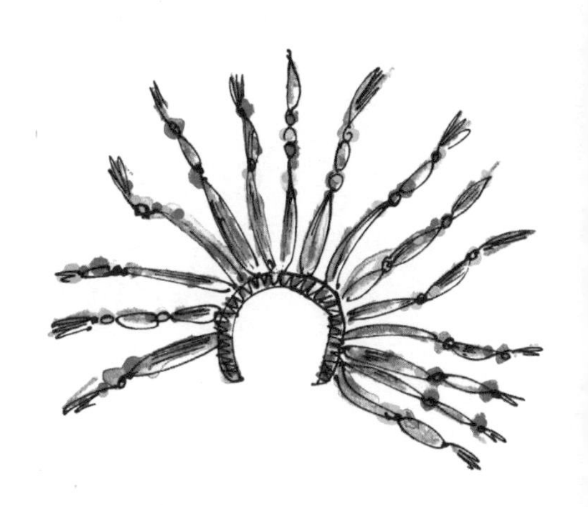

秘鲁的印加人使用一种名叫结绳的东西来记录数字。他们和我们一样使用十进制，并使用数字零。结绳文字是指在绳子上打结，每一个结代表一个数字。在十位或者百位的数字上，如果某一个地方没有结绳，则代表该数字为零。

负数是从零往后数

正数是从零往前数

-5 -4 -3 -2 -1 0 1 2 3 4 5

比零更小

负数便是比零更小的数字，也称作零下。负数可用于解决各种各样的问题，尤其是用在测量温度时。当天气寒冷时，气温可能降到了零下 2 摄氏度，甚至更低。

◆ 一个位于南极的气象站记录了有史以来的最低温，大约是零下 90 度。

藏进里面

传统的俄罗斯套娃如今风靡全球，但是其历史并不是特别悠久。第一个俄罗斯套娃于 1890 年诞生在一个俄罗斯商人的工场里。制作这件艺术品的人名叫萨维·马穆托夫（Sava Mamontov）。

套娃由许多尺寸不同的娃娃组成，它们从中间分开。在最大的娃娃里有一个稍小的娃娃，在小娃娃里有一个更小的，如此越来越小。因此，娃娃会从最大的尺寸开始慢慢变小，越来越小，使它们都能套入比自己稍大的娃娃的身体里。

玛特罗什卡（Matryoshka）

在俄罗斯农夫使用的古俄语中，玛特罗什卡是一个非常流行的女性的名字。它可能来源于拉丁语，是母亲的意思。在一组典型的套娃中，最大的那个是一位妇女，象征母亲的角色，其他的稍小的则是家庭成员。这就是为什么玩偶们都被称作玛特罗什卡的缘故，应该是源自农夫们口中的妈妈的意思。

玛特罗什卡的尺寸

俄罗斯套娃被做成了许许多多不同的尺寸。但是有一个外形上的尺寸特征总是保持不变的。按照传统，套娃的高总是宽的两倍。这个比例被写作 2:1，指的是一样东西的尺寸是另一个的两倍。

◆ 许多传统的俄罗斯套娃描绘的是一个家庭的情景，通常最大的娃娃是妈妈，而最小的那个是宝宝。

花光了！

我们都喜欢花钱。它能让我们买到想要的东西，让我们感觉心满意足——而且这非常容易！花钱是一件快乐的事情，没有任何缺点。但是你只能花属于自己的钱，而且要花好自己的每一分钱。如果你不计后果地消费，那么你很快就将陷入困境。

每年，世界上的年轻人都要花掉数十亿美金。在你成长的过程中，金钱肩负着一个至关重要的角色。你最好了解该怎样做出预算，以保证自己永远都不会超支。

只剩六便士！

米考伯（Micawber）先生是小说《大卫·科波菲尔》中一个众所周知的角色，出自查尔斯·狄更斯笔下。这位英国的作家出版了不少小说，描绘19世纪那些身陷债务、生活艰难的人们。

按照米考伯的想法，使自己远离债务危机的方法是保持你的收支平衡——具体到每便士。

年收入：二十英镑

年支出：十九英镑，九十先令和六便士

结果：快乐无边

年收入：二十英镑

年支出：二十英镑、零先令和六便士

结果：悲伤痛苦

（顺便提一句，米考伯先生自己没有实践过他鼓吹的这套理论——因此他最终因债务缠身而进了监狱！）

降　价

大多数商场和店铺一年至少更换两次库存。夏天的衣服要为冬天的衣服挪出空间，旧的款式要被新款式取代。那些没有卖掉的货物要统统清空，以便货仓能更加宽裕。打折的时刻到了！

不过，有时候在别的时间也能买到便宜货。如果两个零售商同时在销售同样的商品，那么他们便有可能开展一场“价格战”。他们互相竞争，看谁能给出最低的价格以压倒对方。每个人都竞相给出比对方低的价格。

减少无知

就在几百年前，人们大多还是居住在农村，以土地为生。对于一些人而言，他们一生所到过的最远的地方距离自己的村庄也只有几千米的距离。他们对自己身边事物的了解非常有限，所得到的外界的讯息都是透过别人的讲述。他们对于咱们这个大而神奇的世界几乎是一无所知的，然而一个又一个重大的发明改变了这一切！

印刷术——1455 年

谷登堡（Gutenberg）印刷术 * 意味着出版越来越多的书成为可能，可供越来越多的人阅读，这减少了会识字的人的无知。

电报——1844 年

在电报被发明之前，信息都被写在纸上，通过马或者马车从一处传送到另一处。这种传输方法的速度可想而知。而电报通过接线头，使得信息通过电子代码的形式，几乎能在发送的同时送达接收对象手中。

电话——1876 年

亚历山大·格雷厄姆·贝尔 **（Alexander Graham Bell）发明了电话机，这意味着距离遥远的两个人首次实现即时对话。用嘴巴实时传递信息变成了可能。

收音机——1901 年

古格列尔莫·马可尼（Guglielmo Marconi）发明了一种方法可以通过无线电波发送信息。到 19 世纪 20 年代，正规的无线电广播对远距离的人们播送信息。现在世界各地的无线电信号都是通过通信卫星来播送新闻。

电视——1924 年

电视的发明意味着人们首次能亲眼看到遥远的地方发生的事情。通过电视，人们能即时知晓世界各地发生的事情。

互联网——1969 年

随着电脑的发展和互联网的使用，信息的迅捷时代来临。现在只要你拥有一台电脑或者一个手机，讯息就在你的指尖。互联网上有海量的信息，我们可以任意取用。

*印刷术是中国古代四大发明之一。宋朝的毕升对其进行发展、完善，产生了活字印刷，所以后人称毕升为印刷术的始祖。1455 年，德国人古登堡制成了铅活字和木制印刷机械，从而成为举世公认的现代印刷术的奠基人。

**2002 年 6 月 15 日，美国国会 269 号决议确认安东尼奥·穆齐为电话的发明人。

小测试

1. 减法题的结果我们称之为什么？

2. 三个和减少意思相同的词分别是什么？

3. 俄罗斯套娃叫什么名字？

4. 与减法相反的是什么？

5. 大熊猫生长在哪个国家？